P. J. Redouté pinx.

即刻 | 艺术
阅读无处不在

Pierre-Joseph Redouté
The Book of Roses
雷杜德玫瑰花集

[法] 皮埃尔 - 约瑟夫·雷杜德 ———— 绘

中国美术学院出版社

画花可能无足轻重,但却是我最爱的。

——雷杜德

一生只为画花

约瑟夫·雷杜德（Pierre-Joseph Redouté，1759 —1840），19世纪著名画家和植物学家，生于比利时，一生几乎都居住在法国。雷杜德一生创作发表各类花卉插图2100余幅，涵盖了1800余种物种，其中相当大一部分在雷杜德之前从未曾被人绘入画中。雷杜德以玫瑰、百合及石竹类花卉等绘画最为称名于世，被人们称为"植物插图大师""花之拉斐尔"。

1759年7月，雷杜德出生于比利时圣胡伯特的一个画家世家，尽管缺乏正式的艺术教育，但在同为画家的父亲及祖父的熏陶下，他对艺术拥有极高的天分。雷杜德在13岁的时候离开家，拿着画笔游历比利时，以室内设计、肖像绘制以及各种宗教绘画谋生。1782年，雷杜德随做室内装修和场景设计的哥哥来到巴黎，怀着对绘画的梦想开始给剧院画舞台布景，后辗转到巴黎皇家植物园绘制植物，遇到了当时的巴黎司法部门高官兼植物学家查尔斯 – 路易斯·埃希蒂尔·德布鲁戴尔。德布鲁戴尔十分赏识雷杜德的植物画作，成为他的老师，教他解剖花朵并精确刻画花朵，掌握植物在形态方面的重要特点。这些植物学知识，使得雷杜德能够将他的绘画作品赋予严谨的学术性与写实性。最终在德布鲁戴尔的建议下，雷杜德开始朝着植物学图谱这门学科发展。

1786 年，雷杜德应聘了一份在国家自然博物馆的动植物编录工作。由于他的绘画功底非常好，表现出众，被当时国家自然博物馆的著名花卉画家杰勒德·范·斯潘东克收为学生兼助手。雷杜德从斯潘东克那里学习了新的绘画技法，在国家自然博物馆的工作中也更加让他掌握了植物的准确形态。雷杜德的植物画作因此十分严谨、写实、准确，同时又不失植物之美。当时，雷杜德的作品非常畅销，法国的著名思想家让－雅克·卢梭在出版著作《植物学通信》时，就邀请雷杜德为该书绘制了 65 幅精美的插图。之后雷杜德更加声名大噪，他的画作深受凡尔赛宫的贵族们的喜爱，玛丽·安托瓦内特王后（法国路易十六的王后）成为他的赞助人，并任命他为宫廷专职画师。

　　18 世纪末 19 世纪初的巴黎是植物插画最流行之地，为欧洲科学和艺术的中心。雷杜德在此期间继承了弗拉芒和荷兰传统画家勃鲁盖尔·彼得、雷切尔·勒伊斯、扬·凡·海瑟姆和扬·达维兹·德·黑姆的绘画风格。1804 年，拿破仑·波拿巴成为法兰西第一帝国皇帝。雷杜德画的植物插图受到拿破仑第一任妻子约瑟芬皇后的喜爱。此后，雷杜德成为约瑟芬的宫廷画师，开始在巴黎郊外的梅尔梅森城堡花园里工作。在约瑟芬皇后的大手笔赞助下，雷杜德的事业得到蓬勃发展。此间，他创作出版了当时最全面的植物画集，风行全球，远销至欧美及日本、南非、澳大利亚等地，参与了近 50 种出版物的植物插画绘画。其中，流传最广的是《玫瑰圣经》《百合圣经》和《花卉圣经》插画。书中数百种艳丽的玫瑰成为世界玫瑰插画的经典。如果把雷杜德的作品和同时代的几位画家相比，显然他的作品更具科学性，画得也更有艺术感。雷杜德致力于用水彩画来表现开花植物的多样性，进行详尽地植物学描述，并以一种"将强烈的审美加入严格的学术和科学中的独特绘画风格"记录了170余种玫瑰的姿容。其笔下的花朵神采各异、颜色淡雅、色泽过渡自然。他还完善了点画的技巧，使用微小的颜色点而不是线条表现他的作品中微妙的色彩变化。在此后的180年里，世界各国以各种语言和版本出版了200多种玫瑰图谱，并几乎每年都有新的版本被出版。

  1825年，雷杜德的工作和成果得到更多人的认可和推崇，查尔斯十世为了表示皇室对雷杜德的支持，授予他骑士称号。他出版的大多数书籍也都得到了皇室的赞助。1830年"七月革命"以后，雷杜德成为新任的法国皇后玛丽·艾米莉的专职画家。1840年6月20日，雷杜德在观察一朵百合时不小心摔倒而去世，被安葬在巴黎的拉雪兹公墓。雷杜德把一生都奉献给了他所热爱的植物研究和绘画事业，用画笔来记录植物的生长特征和他自己的精彩人生。雷杜德在植物插画领域的成就成为至今仍无人能够逾越的巅峰，尤其是其玫瑰及百合作品对后世影响深远，被广泛地用于各种西方装饰画、瓷器等物品上。本书整理出版了其200多幅玫瑰作品，以期和读者分享。

编 者

目 录

玫瑰 / 1

繁花与果实 / 189

索引 / 285

玫瑰

条纹哈德逊湾玫瑰

百叶蔷薇"梅耶"

Rosa Berberifolia
Rosier a feuilles d'Épine-vinette.

小檗叶蔷薇

Rosa Sulfurea. Rosier jaune de soufre.

硫磺薔薇

红叶蔷薇

麝香玫瑰

Rosa Bracteata. Rosier de Macartney.

硕苞蔷薇

百叶蔷薇"布拉塔"

单瓣百叶蔷薇"安诺斯"

Rosa muscosa multiplex. Rosier mousseux à fleurs doubles.

重瓣百叶蔷薇"莫可撒"

垂叶蔷薇

Rosa Lucida. Rosier Luisant.

弗吉尼亚玫瑰

玫瑰

Rosa Indica. Rosier des Indes.

月季"月月红"

月季"月月粉"

雷杜德玫瑰花集　17

Rosa Indica acuminata.　　Rosier des Indes à pétales pointus.

仙女玫瑰

Rosa Montezuma. Rosier de Montezuma.

蒙特祖玛蔷薇

Rosa Alpina pendulina.
Rosier des Alpes à fruits pendants.

高山玫瑰

哈德逊湾玫瑰

Rosa Indica fragrans. *Rosier des Indes odorant.*
(vulg. Bengale à odeur de thé.)

中国绯红茶香玫瑰

绯红法国蔷薇

Rosa Pomponia.   *Rosier Pompon.*

百叶蔷薇"德米奥克斯"

Rosa Villosa, Pomifera.   Rosier Velu, Pomifère.

苹果蔷薇

异味蔷薇

双色异味蔷薇

Rosa Gallica officinalis.
Rosier de Provins ordinaire.

药剂师玫瑰

Rosa Centifolia simplex.
Rosier Centfeuilles à fleurs simples.

百叶蔷薇"塞普勒克斯"

雷杜德玫瑰花集 29

Rosa Centifolia carnea. / Rosier Vilmorin.

变种百叶蔷薇

加罗林蔷薇

Rosa Pimpinelli folia Mariæburgensis. Rosier de Marienbourg.

密刺薔薇

Rosa Pimpinelli folia Pumila.   *Petit Rosier Pimprenelle.*

密刺蔷薇

Rosa Muscosa alba — Rosier Mousseux à fleurs blanches

白色苔藓玫瑰

法国野蔷薇

Rosa Brevistyla leucochroa.
Rosier à court-style
(var. à fleurs jaunes et blanches).

宫廷蔷薇

Rosa Rubiginosa triflora

Rosier Rouillé à trois fleurs.

变种甜石南

Rosa Hudsoniana Salicifolia. Rosier d'Hudson à feuilles de Saule.

沼泽玫瑰

白玫瑰"少女的脸红"

Rosa Moschata flore semi-pleno. *Rosier Muscade à fleurs semi-doubles.*

半重瓣麝香玫瑰

Rosa Redutea glauca.
Rosier Redouté à feuilles glauques.

雷杜德玫瑰

红茎多刺雷杜德玫瑰

Rosa Cinnamomea Maialis. Rosier de Mai.

重瓣五月玫瑰

秋季大马士革玫瑰

大马士革玫瑰"波特兰公爵夫人"

百叶蔷薇"白色普罗旺斯"

变种百叶蔷薇

Rosa Indica Pumila.   *Rosier nain du Bengale.*

重瓣微型玫瑰

半重瓣白玫瑰

Rosa Pimpinelli folia rubra.
(Flore multiplici.)

Rosier Pimprenelle rouge.
(Variété à fleurs doubles.)

密刺蔷薇 "重瓣粉红苏格兰石南"

Rosa Bifera alba.
Rosier des quatre Saisons à fleurs blanches.

白色变种秋季大马士革玫瑰

月季"月月红"

香叶蔷薇

"约瑟芬皇后"玫瑰

伊比利亚蔷薇

Rosa fœtida.   *Rosier à fruit fétide.*

变种被绒毛玫瑰

五月玫瑰

Rosa Gallica Versicolor. Rosier de France à fleurs panachées.

杂色法国蔷薇

大马士革玫瑰"约克与兰卡斯特"

Rosa Rubiginosa Zabeth.　　*Eglantine de la Reine Elisabeth.*

甜石南"扎贝斯"

Rosa Rapa. *Rosier Turneps.*

德阿莫玫瑰

Rosa Andegavensis. *Rosier d'Anjou.*

安茹玫瑰

变种百叶蔷薇

Rosa Collina fastigiata.
Rosier Nivelle.

平花山地玫瑰

Rosa Semper Virens globosa. Rosier grimpant à fruits globuleux.

P. J. Redouté pinx.   Imprimerie de Rémond   Chapuy sculp.

常绿蔷薇

Rosa Gallica Purpurea Velutina, Parva.   *Rosier de Van-Eeden.*

"托斯卡纳"法国蔷薇

皇家普罗万

Rosa Orbessanea. *Rosier d'Orbessun.*

"法兰克福"蔷薇

Rosa Rubiginosa nemoralis. L'Eglantine des bois.

小花蔷薇

Rosa Indica Pumila.
(flore simplici).

Petit Rosier du Bengale.
(à fleurs simples).

变种仙女玫瑰

长叶月季

"主教"法国蔷薇

Rosa aciphylla. Rosier cuspidé.

针叶犬蔷薇

Rosa Malmundariensis. Rosier de Malmedy.

马尔密迪蔷薇

月季

Rosa Indica. La Bengale bichonne.

重瓣变种月季

Rosa Tomentosa. *Rosier Cotonneux.*

被绒毛玫瑰

Rosa Damascena aurora.
Rosier Aurore Poniatowska.

"天国"白玫瑰

木香

雷杜德玫瑰花集 79

Rosa Candolleana Elegans.   *Rosier de Candolle.*

垂枝薔薇

白玫瑰"船叶玫瑰"

Rosa sempervirens latifolia. Rosier grimpant à grandes feuilles.

变种常绿蔷薇

Rosa Canina nitens. Rosier Canin à feuilles luisantes.

变种犬蔷薇

Rosa Damascena. *Rosier de Cels.*

大马士革玫瑰"塞斯亚纳"

Rosa Pomponia flore subsimplici. / *Rosier Pompon à fleurs presque simples.*

变种百叶蔷薇

Rosa centifolia foliacea. *Rosier à cent feuilles, foliacé.*

变种百叶蔷薇

Rosa sepium rosea.

Rosier des hayes à fleurs roses.

草地玫瑰

Rosa Pumila. *Rosier d'Amour.*

蔓生法国蔷薇

Rosa Centifolia crenata.
Rosier Centfeuilles à folioles crenelées.

变种百叶蔷薇

Rosa Multiflora carnea.
Rosier Multiflore a fleurs carneés.

粉色重瓣野蔷薇

野薔薇"七姐妹"

Rosa Villosa Terebenthina.
Rosier Velu à odeur de Térébenthine

"康普里卡特"蔷薇

Rosa parvi-flora.   *Rosier à petites fleurs.*

重瓣加罗林蔷薇

Rosa Rubiginosa flore semi-pleno. *Rosier Rouillé à fleurs semi-doubles.*

半重瓣甜石南"塞美普莱纳"

诺伊斯特玫瑰

Rosa Indica subalba.
Rosier du Bengale à fleurs blanches.

变种月季

切罗基玫瑰

Rosa geminata. *Rosier à fleurs géminées.*

双生玫瑰

Rosa Dumetorum. Rosier des Buissons.

伊比利亚蔷薇

Rosa Tomentosa. / *Rosier Cotonneux.*

重瓣变种被绒毛玫瑰

Rosa mollissima. / *Rosier à feuilles molles.*

半重瓣变种被绒毛玫瑰

Rosa Gallica caerulea. — *Rosier de Provins à feuilles bleuâtres.*

变种法国蔷薇

波索特玫瑰

Rosa Campanulata alba. Rosier Campanulé à fleurs blanches.

德阿莫玫瑰

Rosa rubiginosa aculeatissima. Rosier rouillé très épineux.

变种甜石南

Rosa Pimpinellifolia alba flore multiplici. / *Rosier Pimprenelle blanc à fleurs doubles.*

密刺蔷薇

百叶蔷薇

Rosa Pimpinellifolia flore variegato. La Pimprenelle aux Cent-Écus.

密刺薔薇

变种法国蔷薇

Rosa sepium flore submultiplici. *Rosier des hayes à fleurs semi doubles.*

半重瓣变种草地玫瑰

半重瓣变种沼泽玫瑰

Rosa Alpina vulgaris.
Rosier des Alpes commun.

阿尔卑斯玫瑰

罗森博格玫瑰

百叶蔷薇"海葵"

半重瓣变种沼泽玫瑰

Rosa Indica subviolacea. *Rosier des Indes à fleurs presque violettes.*

月季"月月红"

变种法国蔷薇

Rosa Gallica latifolia. Rosier de Provins à grandes feuilles.

巨叶变种法国蔷薇

野生杂交阿尔卑斯玫瑰

波特兰玫瑰"杜瓦玫瑰"

Rosa Myracantha.
Rosier à Mille-Épines.

密刺蔷薇

Rosa Damascena Celsiana prolifera. Rosier de Cels à fleurs prolifères.

大马士革玫瑰"塞斯亚纳"

Rosa Alpina debilis.
Rosier des Alpes à tiges foibles.

垂枝蔷薇

羽状花萼变种白玫瑰

Rosa Eglanteria Luteola. L'Eglantier Serin.

得克萨斯黄蔷薇

布尔索玫瑰

Rosa Pimpinelli-folia inermis. Rosier Pimprenelle à tiges sans épines.

密刺蔷薇

Rosa Rubiginosa anemone-flora.
Rosier Rouillé à fleurs d'anemone.

变种甜石南

Rosa Biserrata.
Rosier des Montagnes à folioles bidentées.

重锯齿蔷薇

Rosa Gallica Aurelianensis　　La Duchesse d'Orléans.

法国蔷薇"奥尔良公爵夫人"

格里费尔玫瑰

百叶蔷薇 "荷兰小女孩"

Rosa Gallica agatha. (Varietas parva violacea.) La petite Renoncule violette.

变种法国蔷薇

Rosa Damascena Italica.   La Quatre-Saisons d'Italie.

变种大马士革玫瑰

Rosa Gallica agatha (var. Delphiniana). L'Enfant de France.

变种法国蔷薇

Rosa Indica Stelligera.   *Le Bengale Etoilé.*

变种月季"月月红"

Rosa Indica Sertulata. Le Bengale à Bouquets.

变种月季

杂交法国蔷薇

变种法国蔷薇

Rosa Gallica flore marmoreo. *Rosier de Provins à fleurs marbrées.*

大理石纹变种法国蔷薇

Rosa Sepium Myrtifolia. *Rosier des Hayes à feuilles de Myrte.*

草地玫瑰

Rosa Gallica flore giganteo.   *Rosier de Provins à fleur gigantesque.*

大花变种法国蔷薇

Rosa Gallica Stapeliæ flora.
Rosier de Provins à fleurs de Stapelie.

五角星花变种法国蔷薇

Rosa Gallica rosea flore simplici. Rosier de Provins à fleurs roses et simples.

法国蔷薇

Rosa Bifera pumila.   Le petit Quatre-Saisons.

变种微型秋季大马士革玫瑰

Rosa farinosa. *Rosier farineux.*

变种被绒毛玫瑰

变种月季

Rosa Centifolia prolifera foliacea.   *La Cent feuilles prolifère foliacée.*

变种百叶蔷薇

蒙森夫人玫瑰

Rosa Indica Caryophyllea.   *La Bengale Œillet.*

月季"月月红"

Rosa Rubifolia. Rosier à feuilles de Ronce.

草地玫瑰

Rosa Eglanteria sub rubra. / *L'Eglantier Cerise*

奥地利铜蔷薇

Rosa Canina grandiflora.

Rosier Canin à grandes fleurs.

杂交犬蔷薇

Rosa Gallica Agatha incarnata. L'Agathe Carnée.

杂交法国蔷薇 "阿加莎·因卡纳特"

Rosa Gallica Maheka. (flore subsimplici). Le Maheka à fleurs simples.

法国蔷薇"紫罗兰"

Rosa Reclinata flore simplici. *Rosier à boutons renversés; Var. à fleurs simples.*

P.J. Redouté pinx.   Imprimerie de Remond   Bessin sculp.

单瓣变种波索特玫瑰

Rosa Reclinata flore sub multiplici. Rosier à boutons penchés. (var. à fleurs semi doubles)

P.J. Redouté pinx.   Imprimerie de Remond.   Langlois sculp.

波索特玫瑰

Rosa hispida Argentea. *Rosier hispide à fleurs Argentées.*

密刺蔷薇

Rosa Ventenatiana. *Rosier Ventenat.*

密刺蔷薇

Rosa Bifera Variegata. *La Quatre Saisons à feuilles panachées.*

杂色秋季大马士革玫瑰

Rosa sempervirens Leschenaultiana. Le Rosier Leschenault.

变种常绿蔷薇

Rosa Gallica Gueriniana. *Rosier Guerin.*

杂交法国蔷薇

Rosa indica Automnalis. Le Bengale d'Automne.

秋花变种月季

Rosa Evratina. *Rosier d'Evrat.*

赫特福德郡玫瑰

Rosa Rubiginosa Vaillantiana. — L'Églantine de Vaillant.

"芭比·詹姆士"玫瑰

Rosa Muscosa Anemone-flora. *La Mousseuse de la Flèche.*

变种苔藓玫瑰

Rosa Pomponiana muscosa.   *Le Pompon mousseux.*

苔藓玫瑰"摩斯·德米奥克斯"

Rosa indica fragrans flore simplici.   *Le Bengale thé à fleurs simples.*

单瓣茶香玫瑰

波索特玫瑰

Rosa Canina Burboniana. *Rosier de l'Ile de Bourbon.*

波旁玫瑰

Rosa Pomponia Burgundiaca. Le Pompon de Bourgogne.

勃艮第玫瑰

雷杜德玫瑰花集 171

Adélaïde d'Orléans.   Adelia Aurelianensis.

P.J. Redouté.   Victor.

"奥尔良阿德莱德"玫瑰

百叶蔷薇

百叶蔷薇"布拉塔"

Rosa Gallica Aurelianensis.   La Duchesse d'Orléans.

P. J. Redouté.   Langlois.

法国蔷薇"奥尔良公爵夫人"

Rosa Indica　Grande Indienne.

香水月季

百叶蔷薇；欧洲银莲花；重瓣铁线莲

Rosa Muscosa. / Rosier Mousseux.

百叶蔷薇

Variétés de Rose jaune et de Rose du Bengale / Rosa lutea & Rosa Indica (Var.)

香水月季

Rose jaune de soufre. Rosa sulfurea.
P. J. Redouté. Langlois.

香水月季

Rosier de Bancks var. à fleurs jaunes.

木香

Rosier de Candolle Variété.

P. J. Redouté.   Langlois.

垂枝薔薇

Rosier à cent-feuilles, foliacé.
P.J. Redouté — Langlois

多叶玫瑰

Rosa Indica. Rosier des Indes jaune.

香水月季

Bengale Thé hyménée.

"海梅内"玫瑰

Rosier Pompon. Rosa Pomponia.

壮丽玫瑰

百叶蔷薇

Rosa centifolia. *Rosier à cent feuilles.*

百叶蔷薇 "梅耶"

繁花与果实

Gentiane sans tige. Gentiana acaulis.
P. J. Redouté. Langlois.

荷兰芍药

Abricot Pêche.

P. J. Redouté. Langlois.

杏

Anémone étoilée. Anemone stellata.
P. J. Redouté. Victor.

阔叶银莲花

Anemone simple. / Anemone simplex.

欧洲银莲花

Aster de Chine. Aster Chinensis.
P. J. Redouté. Bessin.

翠菊

红花路边青

Bignonia Capensis.

硬骨凌霄

苹果

Bouquet de Camélias Narcisses et Pensées.

山茶花；欧洲水仙；三色堇

山茶花

Camellia (var) fleurs blanches.   Camellia Japonica.
P. J. Redouté.   Langlois.

山茶花

山茶花

Camellia à fleurs d'Anémone.   Camellia Anemonefolia.
P. J. Redouté.   Langlois.

山茶花

Campanule Clochette.

圆叶风铃草

Campanule gantelée.   *Campanulla.*

宽钟风铃草

Cerisier Royal. Cerasus domestica.
P. J. Redouté. Langlois.

欧洲酸樱桃

Chevre-feuille. Lonicera.
P. J. Redouté. Victor.

羊叶忍冬

Chrysanthème caréné — Chrysanthemum carinatum
P. J. Redouté — Rossin

蒿子杆

南欧铁线莲

Corcopsis élégant. Corcopsis eleganus
P. J. Redouté　　　　　　　　　Langlois

两色金鸡菊

Cornichons blancs.

葡萄

仙客来

Dalea simple.   *Dalea simplex.*

P. J. Redouté   Bessin

大丽花

Dalea double

大丽花

洋金花

Dentelaire bleu-ciel. Plumbago cœrulea.

蓝花丹

La Dillenne.   *Dillenia scandens.*

P. J. Redouté   Langlois.

束蕊花

Dombeya Ameliæ

美花非洲芙蓉

黑嚏根草；香石竹

Enkianthus Quinqueflorus

吊钟花

欧石南

无花果

草莓

覆盆子

Fuchsia ecarlate.   *Fuchsia coccinea.*

P. J. Redouté.

短筒倒挂金钟

Gaillarda.

天人菊

Gentiane sans tige.   Gentianæ acaulis.

P. J. Redouté   Langlois

无茎龙胆

杂交天竺葵

Giroflée jaune. Cheiranthus flavus.
P.J. Redouté. Chapuy.

桂竹香

Gnaphalium eximium / *Gnaphale superbe*

帝王花

Grenade. Grenadier punica.
P. J. Redouté. Victor.

石榴

Grenadille à grappes. Passiflora racemosa.
P. J. Redouté / Langlois

总状花西番莲

Groseiller rouge.   Ribes rubrum.

P. J. Redouté.   Langlois.

红茶藨子

南美天芥菜

Althea Frutex. Hibiscus Syriacus.

木槿

Mauve.   *Hibiscus trionum.*
P. J. Redouté   Langlois

香铃草

Hortensia.

绣球

圆叶牵牛

Jasmin d'Espagne. Jasminum grandiflorum.
P. J. Redouté. Langlois.

素馨花

夹竹桃

Gesse à larges feuilles. Latyrus latifolius.

宽叶山藜豆

紫红花葵

欧丁香

Liseron. Convolvulus tricolor.

三色旋花

剪春罗

Magnolia Soulangiana

二乔玉兰

紫红锦葵

Mimulus.

猴面花

Muflier à grandes fleurs. Antirrhinum.
P. J. Redouté.

金鱼草

沼泽勿忘草

Noisetier franc à gros fruits.   Corylus maxima.

P. J. Redouté   Langlois

欧榛

Nymphæa Cærulea.

延药睡莲

Œillet panaché.   Dianthus cariophyllus.
P. J. Redouté   Chapuy

香石竹

香石竹

Oranger à fruits déprimés.

柑橘

耳叶报春花

Oreilles d'Ours.   Primula auricula.

P. J. Redouté.   Langlois

耳叶报春花

威尔士罂粟

Passiflore ailée.   *Passiflora alata.*

P. J. Redouté   Langlois

翅茎西番莲

罂粟

桃

Pêcher à fruits lisses.

油桃

三色堇；混色角堇

Bouquet de Pensées.

混色角堇

长春花

匍枝福禄考

牡丹

Pivoine.   *Pæonia officinalis.*

荷兰芍药

Paeonia tenuifolia.
P.J.Redouté.
Pivoine à feuilles Linaires.
Chapuy

细叶芍药

Pivoine odorante. Pæonia flagrans.
P. J. Redouté. Langlois.

荷兰芍药

蓝花赝靛

西洋梨

香豌豆

Fleurs de Pommier. Flores Mali.

P. J. Redouté Chapuy

苹果

Primevère de Chine. Primula Sinensis.

藏报春

欧洲报春花

欧洲李

Redutea heterophylla.

异叶蝇棉

Reine Claude franche.

欧洲李

Spaendoncea tamarandifolia.

紫花风铃豆

Gloxinie Var.   Gloxinis Var.
P. J. Redouté.   Langlois.

扭果花

孔雀草

Tropæolum majus Var. Capucine mordorée.
P. J. Redouté

旱金莲

Tulipier. Tulipifera.

北美鹅掌楸

索引

玫 瑰

P2 条纹哈德逊湾玫瑰
学名：*Rosa blanda* Aiton cv.
英文名：Striped variety of Hudson Bay rose

P3 百叶蔷薇"梅耶"
学名：*Rosa centifolia* L. 'Major'
英文名：Cabbage rose

P4 小檗叶蔷薇
学名：*Rosa* 'Persiana'
英文名：Barberry rose

P5 硫磺蔷薇
学名：*Rosa hemisphaerica* Herrm.
英文名：Sulphur rose

P6 红叶蔷薇
学名：*Rosa glauca* Pourret
英文名：Red-leaved rose

P7 麝香玫瑰
学名：*Rosa moschata* Herrm.
英文名：Musk rose

P8 硕苞蔷薇
学名：*Rosa bracteata* J. C. Wendl.
英文名：Macartney rose

P9 百叶蔷薇"布拉塔"
学名：*Rosa centifolia* L. 'Bullata'
英文名：Lettuce-leaved cabbage rose

P10 单瓣百叶蔷薇"安诸斯"
学名：*Rosa centifolia* L.'Andrewsii'
英文名：Single moss rose 'Andrewsii'

P11 重瓣百叶蔷薇"莫可撒"
学名：*Rosa centifolia* L.'Muscosa'
英文名：Double moss rose

P12 垂叶蔷薇
学名：*Rosa clinophylla* Thory
英文名：Droopy-leaved rose

P13 弗吉尼亚玫瑰
学名：*Rosa virginiana* Herrm.
英文名：Virginia rose

P14 玫瑰
学名：*Rosa rugosa* Thunb.
英文名：Japanese rose

P15 月季"月月红"
学名：*Rosa chinensis* Jacq. var. *semperflorens* Koehne
英文名：Monthly rose

P16 月季"月月粉"
学名：*Rosa chinensis* Jacq.
英文名：China rose 'Old Blush China'

P17 仙女玫瑰
学名：*Rosa chinensis* Jacq. var. *minima* Voss
英文名：Fairy rose

P18 蒙特祖玛蔷薇
学名：*Rosa canina* L. var. *montezumae* Humb. & Bonpl.
英文名：Montezuma rose

P19 高山玫瑰
学名：*Rosa pendulina* L.
英文名：Alpine rose

P20 哈德逊湾玫瑰
学名：*Rosa blanda* Aiton
英文名：Hudson Bay rose

P21 中国绯红茶香玫瑰
学名：*Rosa* × *odorata* (Andrews) Sweet 'Hume's Blush Tea scented China'
英文名：Tea rose 'Hume's Blush Tea scented China'

P22 绯红法国蔷薇
学名：*Rosa* × *dupontii* Déségl.
英文名：Blush gallica

P23 百叶蔷薇"德米奥克斯"
学名：*Rosa centifolia* L.'De Meaux'
英文名：Moss rose 'De Meaux'

P24 苹果蔷薇
学名：*Rosa villosa* L.
英文名：Apple rose

P25 异味蔷薇
学名：*Rosa foetida* Herrm.
英文名：Austrian yellow rose

P26 双色异味蔷薇
学名：*Rosa foetida* Herrm. 'Bicolor'
英文名：Austrian copper rose

P27 药剂师玫瑰
学名：*Rosa gallica* L. 'Officinalis'
英文名：Apothecary's rose

P28 百叶蔷薇"塞普勒克斯"
学名：*Rosa centifolia* L.'Simplex'
英文名：Single cabbage rose

P29 变种百叶蔷薇
学名：*Rosa centifolia* L. cv.
英文名：Variey of cbbage rose

P30 加罗林蔷薇
学名：*Rosa carolina* L.
英文名：Pasture rose

P31 密刺蔷薇
学名：*Rosa spinosissima* L.
英文名：Burnet rose of Marienburg

P32 密刺蔷薇
学名：*Rosa spinosissima* L.
英文名：Burnet rose

*P*33 　白色苔藓玫瑰
　　　学名：*Rosa centifolia* L. var. *muscosa* 'Alba'
　　　英文名：White moss rose

*P*34 　法国野蔷薇
　　　学名：*Rosa arvensis* Huds.
　　　英文名：Field rose

*P*35 　宫廷蔷薇
　　　学名：*Rosa stylosa* Desv.

*P*36 　变种甜石南
　　　学名：? *Rosa rubiginosa* L. var. *umbellata*
　　　英文名：Variety of sweet briar

*P*37 　沼泽玫瑰
　　　学名：*Rosa palustris* Marshall
　　　英文名：Marsh rose

*P*38 　白玫瑰"少女的脸红"
　　　学名：*Rosa×alba* L. 'Great Maiden's Blush'
　　　英文名：White rose 'Great Maiden's Blush'

*P*39 　半重瓣麝香玫瑰
　　　学名：*Rosa moschata* Herrm. 'Semiplena'
　　　英文名：Semi-double musk rose

*P*40 　雷杜德玫瑰
　　　学名：*Rosa glauca* × *? Rosa spinosissima*
　　　英文名：Redouté rose

*P*41 　红茎多刺雷杜德玫瑰
　　　学名：*Rosa villosa* L. × *Rosa pimpinellifolia* L.
　　　英文名：Redouté rose with red stems and prickles

*P*42 　重瓣五月玫瑰
　　　学名：*Rosa cinnamomea* L. 'Foecundissima'
　　　英文名：Double May rose

*P*43 　秋季大马士革玫瑰
　　　学名：*Rosa × damascena* Mill.
　　　英文名：Autumn Damask rose

*P*44 　大马士革玫瑰"波特兰公爵夫人"
　　　学名：*Rosa×damascena* 'Duchess of Portland'
　　　英文名：Portland rose 'Duchess of Portland'

*P*45 　百叶蔷薇"白色普罗旺斯"
　　　学名：*Rosa centifolia* L. 'Unique Blanche'
　　　英文名：Cabbage rose 'White Provence'

*P*46 　变种百叶蔷薇
　　　学名：*Rosa centifolia* L. cv.
　　　英文名：Carnation petalled variety of cabbage rose

*P*47 　重瓣微型玫瑰
　　　学名：*Rosa chinensis* Jacq. var. minima Voss
　　　英文名：Double miniature rose

*P*48 　半重瓣白玫瑰
　　　学名：*Rosa × alba* L. 'Semiplena'
　　　英文名：Semi-double white rose

*P*49 　密刺蔷薇"重瓣粉红苏格兰石南"
　　　学名：*Rosa spinosissi ma* L. 'Double Pink Scotch Briar'
　　　英文名：Burnet rose 'Double Pink Scotch'

*P*50 　白色变种秋季大马士革玫瑰
　　　学名：*Rosa × damascena* Mill.
　　　英文名：White variety of autumn Damask rose

*P*51 　月季"月月红"
　　　学名：*Rosa chinensis* Jacq. var.semperflorens Koehne 'Slater's Crimson China'
　　　英文名：Monthly rose 'Slater's Crimson China'

*P*52 　香叶蔷薇
　　　学名：*Rosa rubiginosa* L.
　　　英文名：Sweet briar

*P*53 　"约瑟芬皇后"玫瑰
　　　学名：*Rosa* 'Francofurtana'
　　　英文名：'Empress Josephine'

*P*54 　伊比利亚蔷薇
　　　学名：? *Rosa corymbifera* Borkh.

*P*55 　变种被绒毛玫瑰
　　　学名：? *Rosa tomentosa* Sm. var. *britannica*
　　　英文名：Foul-fruited varitey of tomentose rose

*P*56 　五月玫瑰
　　　学名：*Rosa cinnamomea* L.
　　　英文名：May rose

*P*57 　杂色法国蔷薇
　　　学名：*Rosa gallica* L. 'Versicolor'
　　　英文名：French rose 'Versicolor'

*P*58 　大马士革玫瑰"约克与兰卡斯特"
　　　学名：*Rosa × damascena* Mill. 'Versicolor'
　　　英文名：Damask rose 'York and Lancaster'

*P*59 　甜石南"扎贝斯"
　　　学名：*Rosa rubiginosa* L. 'Zabeth'
　　　英文名：Sweet briar 'Zabeth'

*P*60 　德阿莫玫瑰
　　　学名：? *Rosa × rapa* Bosc
　　　英文名：? Rose 'd'Amour'

*P*61 　安茹玫瑰
　　　学名：*Rosa canina* L. var. *andegavensis* Bast.
　　　英文名：Anjou rose

*P*62 　变种百叶蔷薇
　　　学名：*Rosa centifolia* L. cv.
　　　英文名：Celery-leaved variety of cabbage rose

*P*63 　平花山地玫瑰
　　　学名：*Rosa stylosa* Desv.

*P*64 　常绿蔷薇
　　　学名：*Rosa sempervirens* L.
　　　英文名：Evergreen rose

P65 "托斯卡纳"法国蔷薇
学名：*Rosa gallica* L. cv.? 'Tuscany'
英文名：Variety of French rose？'Tuscany'

P66 皇家普罗万
学名：*Rosa* gallica L. hybr.
英文名：Provins royal

P67 "法兰克福"蔷薇
学名：*Rosa* 'Francofurtana'
英文名：? Francofurtana

P68 小花蔷薇
学名：*Rosa micrantha* Borrer ex Sm. var. *micrantha*
英文名：Small flowered eglantine

P69 变种仙女玫瑰
学名：*Rosa chinensis* Jacq. var. *minima* Voss cv.
英文名：Variety of fairy rose

P70 长叶月季
学名：*Rosa chinensis* Jacq. var. *longifolia* Rehder
英文名：China rose 'Longifolia'

P71 "主教"法国蔷薇
学名：*Rosa gallica* L. 'The Bishop'
英文名：French rose 'The Bishop'

P72 针叶犬蔷薇
学名：*Rosa canina* L. var. *lutetiana* Baker f. *aciphylla*
英文名：Needle-leaved dog rose

P73 马尔密迪蔷薇
学名：*Rosa vosagiaca* (N. H. F. Desp,) Déségl.
英文名：Malmedy rose

P74 月季
学名：*Rosa chinensis* Jacq. var. *minima* Voss
英文名：China rose

P75 重瓣变种月季
学名：*Rosa chinensis* Jacq. 'Multipetala'
英文名：Double variety of China rose

P76 被绒毛玫瑰
学名：*Rosa tomentosa* Sm.
英文名：Tomentose rose

P77 "天国"白玫瑰
学名：*Rosa* × *alba* L. 'Celestial'
英文名：White rose 'Celestial'

P78 木香
学名：*Rosa banksiae* W. T. Aiton 'Alba Plena'
英文名：Banks rose 'Lady Banksia Snowflake'

P79 垂枝蔷薇
学名：*Rosa pendulina* L.
英文名：De Candolle rose

P80 白玫瑰"船叶玫瑰"
学名：*Rosa* × *alba* L. 'À feuilles de chanvre'
英文名：White rose 'À feuilles de chanvre'

P81 变种常绿蔷薇
学名：*Rosa sempervirens* L. cv.
英文名：Variety of evergreen rose

P82 变种犬蔷薇
学名：*Rosa canina* L. var. *lutetiana* Baker
英文名：Variety of dog rose

P83 大马士革玫瑰"塞斯亚纳"
学名：*Rosa* × *damascena* Mill. 'Celsiana'
英文名：Damask Rose 'Celsiana'

P84 变种百叶蔷薇
学名：*Rosa centifolia* L. cv.
英文名：Variety of cabbage rose

P85 变种百叶蔷薇
学名：*Rosa centifolia* L. cv.
英文名：Variety of cabbage rose

P86 草地玫瑰
学名：*Rosa agrestis* Savi var. *sepium* Thuill.
英文名：Grassland rose

P87 蔓生法国蔷薇
学名：*Rosa gallica* L. var. pumila
英文名：Creeping French rose

P88 变种百叶蔷薇
学名：*Rosa centifolia* L. cv.
英文名：Variety of cabbage rose

P89 粉色重瓣野蔷薇
学名：*Rosa multiflora* Thunb. var. *multiflora*
英文名：Pink double multiflora

P90 野蔷薇"七姐妹"
学名：*Rosa multiflora* Thunb. var. *platyphylla* Rehder & Wilson 'Seven Sisters Rose'
英文名：Multiflora 'Seven Sisters Rose'

P91 "康普里卡特"蔷薇
学名：*Rosa* L. Hort
英文名：'Complicata'

P92 重瓣加罗林蔷薇
学名：*Rosa carolina* L. 'Plena'
英文名：Double pasture rose

P93 半重瓣甜石南"塞美普莱纳"
学名：*Rosa rubiginosa* L. 'Semiplena'
英文名：Semi-double sweet briar

P94 诺伊斯特玫瑰
学名：? *Rosa* × *noisetiana* Thory
英文名：? Noisette rose

P95 变种月季
学名：*Rosa chinensis* Jacq. var. *semperflorens* Koehne cv.
英文名：Variety of monthly rose

P96　切罗基玫瑰
　　学名：*Rosa laevigata* Michx.
　　英文名：Cherokee rose

P97　双生玫瑰
　　学名：*Rosa × polliniana* Spreng.

P98　伊比利亚蔷薇
　　学名：*Rosa corymbifera* Borkh.

P99　重瓣变种被绒毛玫瑰
　　学名：*Rosa tomentosa* Sm. cv.
　　英文名：Double variety of tomentose rose

P100　半重瓣变种被绒毛玫瑰
　　学名：*Rosa gallica* L. cv.
　　英文名：Semi-double variety of tomentose rose

P101　变种法国蔷薇
　　学名：*Rosa gallica* L. cv.
　　英文名：Variety of French rose

P102　波索特玫瑰
　　学名：*Rosa × l'heritieranea* Thory cv.
　　英文名：Boursault rose

P103　德阿莫玫瑰
　　学名：? *Rosa × rapa* Bosc
　　英文名：? 'Rose d'Amour'

P104　变种甜石南
　　学名：*Rosa rubiginosa* L. var. *umbellata*
　　英文名：Variety of sweet briar

P105　密刺蔷薇
　　学名：*Rosa spinosissima* L.
　　英文名：Semi-double variety of burnet rose

P106　百叶蔷薇
　　学名：*Rosa centifolia* L.
　　英文名：Variety of cabbage rose

P107　密刺蔷薇
　　学名：*Rosa spinosissima* L.
　　英文名：Variegated flowering variery of burnet rose

P108　变种法国蔷薇
　　学名：*Rosa gallica* L. cv.
　　英文名：Variety of French rose

P109　半重瓣变种草地玫瑰
　　学名：*Rosa agrestis* Savi cv.
　　英文名：Semi-double variety of grassland rose

P110　半重瓣变种沼泽玫瑰
　　学名：? *Rosa palustris* Marshall cv.
　　英文名：Semi-double variety of marsh rose

P111　阿尔卑斯玫瑰
　　学名：*Rosa pendulina* L. var. *pendulina*
　　英文名：Alpine rose

P112　罗森博格玫瑰
　　学名：? *Rosa × rapa* Bosc cv.

P113　百叶蔷薇"海葵"
　　学名：*Rosa centifolia* L. 'Anemonoides'
　　英文名：Cabbage rose 'Anemonoides'

P114　半重瓣变种沼泽玫瑰
　　学名：*Rosa palustris* Marshall cv.
　　英文名：Semi-double variety of marsh rose

P115　月季"月月红"
　　学名：*Rosa chinensis* Jacq. var. *semperflorens* Koehne
　　英文名：Monthly rose

P116　变种法国蔷薇
　　学名：*Rosa gallica* L. cv.
　　英文名：Variety of French rose

P117　巨叶变种法国蔷薇
　　学名：*Rosa gallica* L. × ? *Rosa centifolia* L.
　　英文名：Large-leaved variety of French rose

P118　野生杂交阿尔卑斯玫瑰
　　学名：*Rosa × spinulifolia* Dematra
　　英文名：Wild hybrid of Alpine rose

P119　波特兰玫瑰"杜瓦玫瑰"
　　学名：*Rosa × damascena* Mill. × *Rosa chinensis* Jacq. var. *semperflorens* Koehne 'Rose du Roi'
　　英文名：Portland rose 'Rose du Roi'

P120　密刺蔷薇
　　学名：*Rosa spinosissima* L.
　　英文名：Prickly variety of burnet rose

P121　大马士革玫瑰"塞斯亚纳"
　　学名：*Rosa × damascena* Mill. 'Celsiana'
　　英文名：Damask rose 'Celsiana'

P122　垂枝蔷薇
　　学名：*Rosa pendulina* L.
　　英文名：Wild hybrid of Alpine rose

P123　羽状花萼变种白玫瑰
　　学名：*Rosa × alba* L. cv.
　　Variety of white rose with pinnate sepals

P124　得克萨斯黄蔷薇
　　学名：*Rosa × harisonii* Rivers 'Lutea'
　　英文名：Yellow Rose of Texas

P125　布尔索玫瑰
　　学名：*Rosa × l'heritieranea* Thory
　　英文名：Boursault rose

P126　密刺蔷薇
　　学名：*Rosa spinosissima* L.
　　英文名：Thornless burnet rose

P127　变种甜石南
　　学名：*Rosa rubiginosa* L. cv.
　　英文名：Variety of sweet briar

P128 重锯齿蔷薇
学名：*Rosa vosagiaca* (N. H. F. Desp.) Déségl.
英文名： Double serrated Malmedy-rose

P129 法国蔷薇 "奥尔良公爵夫人"
学名：*Rosa gallica* L. cv.? 'Duchesse d'Orléans'
英文名： French rose ? 'Duchesse d'Orléans'

P130 格里费尔玫瑰
学名：*Rosa stylosa* Desv.

P131 百叶蔷薇 "荷兰小女孩"
学名：*Rosa centifolia* L. 'Petite de Hollande'
英文名： Cabbage rose 'Petite de Hollande'

P132 变种法国蔷薇
学名：*Rosa gallica* L. cv. / *Rosa centifolia* L. cv.
英文名： Variety of French rose

P133 变种大马士革玫瑰
学名：*Rosa × damascena* Mill. cv.
英文名： Variety of Damask rose

P134 变种法国蔷薇
学名：*Rosa gallica* L. cv.
英文名： Variety of French rose

P135 变种月季 "月月红"
学名：*Rosa chinensis* Jacq. var. *semperflorens* Koehne cv.
英文名： Variety of monthly rose

P136 变种月季
学名：*Rosa chinensis* Jacq. cv.
英文名： Variety of China rose

P137 杂交法国蔷薇
学名：*Rosa gallica* L. hybr.
英文名： French rose hybrid

P138 变种法国蔷薇
学名：*Rosa gallica* L. cv.
英文名： Variety of French rose

P139 大理石纹变种法国蔷薇
学名：*Rosa gallica* L.cv.
英文名： Marbled variety of French rose

P140 草地玫瑰
学名：*Rosa agrestis* Savi
英文名： Grassland rose

P141 大花变种法国蔷薇
学名：*Rosa gallica* L. cv.
英文名： Large-flowered variety of French rose

P142 五角星花变种法国蔷薇
学名：*Rosa gallica* L. cv.
英文名： Stapelia-flowered variety of French rose

P143 法国蔷薇
学名：*Rosa gallica* L.
英文名： French rose

P144 变种微型秋季大马士革玫瑰
学名：*Rosa×damascena* Mill
英文名： Variety of small autumn Damask rose

P145 变种被绒毛蔷薇
学名：*Rosa tomentosa* Sm. var. farinosa
英文名： Variety of tomentose rose

P146 变种月季
学名：*Rosa chinensis* Jacq. cv.
英文名： Variety of China rose

P147 变种百叶蔷薇
学名：*Rosa centifolia* L. cv.
英文名： Variety of cabbage rose

P148 蒙森夫人玫瑰
学名：? *Rosa monsoniae* Lindl.
英文名： Rose of Lady Monson

P149 月季 "月月红"
学名：*Rosa chinensis* Jacq. var. *semperflorens* Koehne
英文名： Monthly rose

P150 草地玫瑰
学名：*Rosa setigera* Michx.
英文名： Prairie rose

P151 奥地利铜蔷薇
学名：*Rosa foetida* Herrm. 'Bicolor'
英文名： Austrian copper rose

P152 杂交犬蔷薇
学名：*Rosa × waitsiana* Tratt.
英文名： Dog rose hybrid

P153 杂交法国蔷薇 "阿加莎·因卡纳特"
学名：*Rosa gallica* L. 'Agatha Incarnata'
英文名： French rose hybrd 'Agatha Incarnata'

P154 法国蔷薇 "紫罗兰"
学名：*Rosa gallica* L. 'Violacea'
英文名： French rose 'Violacea'

P155 单瓣变种波索特玫瑰
学名：*Rosa × l'heritieranea* Thory cv.
英文名： Single variety of Boursault rose

P156 波索特玫瑰
学名：*Rosa × l'heritieranea* Thory
英文名： Boursault rose

P157 密刺蔷薇
学名：*Rosa spinosissima* L.
英文名： Apple rose hybrid

P158 密刺蔷薇
学名：*Rosa spinosissima* L.
英文名： Burnet rose hybrid

P159 杂色秋季大马士革玫瑰
学名：*Rosa × damascena* Mill.
英文名： Variegated variety of autumn Damask rose

P160 变种常绿蔷薇
　　学名：*Rosa sempervirens* L. var. *leschenaultiana*
　　英文名：Variety of evergreen rose

P161 杂交法国蔷薇
　　学名：? *Rosa gallica* L. × *Rosa chinensis* Jacq.
　　英文名：French rose hybrid

P162 秋花变种月季
　　学名：*Rosa chinensis* Jacq. cv.
　　英文名：Autumn-flowering variety of China rose

P163 赫特福德郡玫瑰
　　学名：? *Rosa evratina* Bosc. ex Poir.
　　英文名：Hertfordshire

P164 "芭比·詹姆士"玫瑰
　　学名：? *Rosa micrantha* Borrer ex Sm. var. *lactiflora*
　　英文名：'Bobbie James'

P165 变种苔藓玫瑰
　　学名：*Rosa centifolia* L. var. *muscosa* cv.
　　英文名：Variety of moss rose

P166 苔藓玫瑰"摩斯·德米奥克斯"
　　学名：*Rosa centifolia* L. 'Mossy de Meaux'
　　英文名：Moss rose 'Mossy de Meaux'

P167 单瓣茶香玫瑰
　　学名：*Rosa × odorata* (Andrews) Sweet cv.
　　英文名：Single variety of tea rose

P168 波索特玫瑰
　　学名：? *Rosa × l'heritieranea* Thory
　　英文名：Boursault rose

P169 波旁玫瑰
　　学名：*Rosa × borboniana* N. Desp.
　　英文名：Bourbon rose

P170 勃艮第玫瑰
　　学名：*Rosa centifolia* L. 'Parvifolia'
　　英文名：Cabbage rose 'Burgundian Rose'

P171 "奥尔良阿德莱德"玫瑰
　　学名：*Rosa* 'Adélaïde d'Orléans'
　　英文名：Rose 'Adelaide of Orleans'

P172 百叶蔷薇
　　学名：*Rosa × centifolia* L.
　　英文名：Cabbage rose

P173 百叶蔷薇"布拉塔"
　　学名：*Rosa cenlifolia* L. 'Bullata'
　　英文名：Lettuce-leaved cabbage rose

P174 法国蔷薇"奥尔良公爵夫人"
　　学名：*Rosa gallica* L. 'Duchesse d'Orléans'
　　英文名：French rose

P175 香水月季
　　学名：*Rosa × odorata* (Andrews) Sweet
　　英文名：Tea rose

P176 百叶蔷薇；欧洲银莲花；重瓣铁线莲
　　学名：*Rosa centifolia* L.; *Anemone coronaria* L.;
　　　　　Clematis florida Thunb.'Plena'
　　英文名：Leafy rose; Poppy anemone; Asian clematis

P177 百叶蔷薇
　　学名：*Rosa × centifolia* L.
　　英文名：Double moss rose

P178 香水月季
　　学名：*Rosa × odorata* 'Sulphurea'; *Rosa×odorata* (Andrews) Sweet
　　英文名：Tea rose

P179 香水月季
　　学名：*Rosa × odorata* 'Sulphurea'
　　英文名：Tea rose

P180 木香
　　学名：*Rosa banksiae* R. Br. 'Lutea'
　　英文名：Lady Banks' rose

P181 垂枝蔷薇
　　学名：*Rosa pendulina* L.

P182 多叶玫瑰
　　学名：*Rosa × centifolia* L. 'Foliacea'
　　英文名：Leafy rose

P183 香水月季
　　学名：*Rosa × odorata* 'Sulphurea'
　　英文名：Tea rose

P184 "海梅内"玫瑰
　　学名：*Rosa* 'Thé Hymenée'
　　英文名：Rose 'Hymenée'

P185 壮丽玫瑰
　　学名：*Rosa × centifolia* L. 'De Meaux'
　　英文名：Rose 'De Meaux'

P186 百叶蔷薇
　　学名：*Rosa centifolia* L.
　　英文名：Cabbage rose

P187 百叶蔷薇"梅耶"
　　学名：*Rosa × centifolia* L. 'Major'
　　英文名：Cabbage rose

繁花与果实

P190 荷兰芍药
　　学名：*Paeonia officinalis* L.
　　英文名：European peony

P191 杏
　　学名：*Prunus armeniaca* L.
　　英文名：Apricot

P192 阔叶银莲花
　　学名：*Anemone pavoniana* Lam.
　　英文名：Broad-leaved anemone

P193 欧洲银莲花
　　学名：*Anemone coronaria* L.
　　英文名：Poppy anemone

P194 翠菊
　　学名：*Callistephus chinensis* (L.) Nees
　　英文名：China aster

P195 红花路边青
　　学名：*Geum chiloense* Balbis ex Ser.
　　英文名：Scarlet Avens

P196 硬骨凌霄
　　学名：*Tecoma capensis* (Thunb.) Lindl.
　　英文名：Cape honeysuckle

P197 苹果
　　学名：*Malus domestica* (Suckow) Borkh.
　　英文名："Apple, white calville"

P198 山茶花；欧洲水仙；三色堇
　　学名：*Camellia japonica* L.; *Narcissus tazetta* L.; *Viola tricolor* L.
　　英文名：Japanese camellia; Bunch-flowered narcissus; Wild pansy

P199 山茶花
　　学名：*Camellia japonica* 'Alba simplex'
　　英文名：Japanese camellia

P200 山茶花
　　学名：*Camellia japonica* 'Alba plena'
　　英文名：Japanese camellia

P201 山茶花
　　学名：*Camellia japonica* 'Variegata'
　　英文名：Japanese camellia

P202 山茶花
　　学名：*Camellia japonica* 'Anemonaeflora rosea'
　　英文名：Japanese camellia

P203 圆叶风铃草
　　学名：*Campanula rotundifolia* L.
　　英文名：Harebell

P204 宽钟风铃草
　　学名：*Campanula trachelium* L.
　　英文名：Nettle-leaved bellflower

P205 欧洲酸樱桃
　　学名：*Prunus cerasus* L.
　　英文名：Sour cherry

P206 羊叶忍冬
　　学名：*Lonicera caprifolium* L.
　　英文名：Perfoliate honeysuckle

P207 蒿子杆
　　学名：*Ismelia carinata* (Schousb.) Sch. Bip.
　　英文名：Tricolour chrysanthemum, Painted daisy

P208 南欧铁线莲
　　学名：*Clematis viticella* L.
　　英文名：Italian clematis

P209 两色金鸡菊
　　学名：*Coreopsis tinctoria* Nutt.
　　英文名：Annual coreopsis

P210 葡萄
　　学名：*Vitis vinifera* L.
　　英文名：Common grapevine

P211 仙客来
　　学名：*Cyclamen persicum* Mill.
　　英文名：Florist's cyclamen

P212 大丽花
　　学名：*Dahlia* spec.
　　英文名：Dahlia

P213 大丽花
　　学名：*Dahlia* spec.
　　英文名：Dahlia

P214 洋金花
　　学名：*Datura metel* L.
　　英文名：Devil's trumpet

P215 蓝花丹
　　学名：*Plumbago auriculata* Lam.
　　英文名：Plumbago, Cape leadwort

P216 束蕊花
　　学名：*Hibbertia scandens* (Willd.) Dryand.
　　英文名：Snake vine, Climbing Guinea flower

P217 美花非洲芙蓉
　　学名：*Dombeya ameliae* Guill.

P218 黑嚏根草；香石竹
　　学名：*Helleborus niger* L. ; *Dianthus caryophyllus* L.

P219 吊钟花
　　学名：*Enkianthus quinqueflorus* Lour.

P220 欧石南
　　学名：*Erica vestits* Thunb.

P221 无花果
　　学名：*Ficus carica* L.
　　英文名：Common fig

P222 草莓
　　学名：*Fragaria ananassa* (Weston) Duchesne ex Rozier
　　英文名：Strawberry

P223 覆盆子
　　学名：*Rubus idaeus* L.
　　英文名：Reuropean raspberry

P224 短筒倒挂金钟
　　学名：*Fuchsia magellanica* Lam.
　　英文名：Hardy fuchsia

P225 天人菊
　　学名：*Gaillardia pulchella* Foug.
　　英文名：Firewheel

P226 无茎龙胆
　　学名：*Gentiana acaulis* L.
　　英文名：Stemless gentian

P227 杂交天竺葵
　　学名：*Pelargonium × daveyamum* Sweet
　　英文名：Pelargonium hybrid

P228 桂竹香
　　学名：*Erysimum cheiri* (L.) Crantz
　　英文名：Aegean wallflower

P229 帝王花
　　学名：*Syncarpha eximia* (L.) B. Nord
　　
P230 石榴
　　学名：*Punica granatum* L.
　　英文名：Pomegranate

P231 总状花西番莲
　　学名：*Passiflora racemosa* Brot.
　　英文名：Scarlet passion flower

P232 红茶藨子
　　学名：*Ribes rubrum* L.
　　英文名：Redcurrant

P233 南美天芥菜
　　学名：*Heliotropium arborescens* L.
　　英文名：Garden heliotrope

P234 木槿
　　学名：*Hibiscus syriacus* L.
　　英文名：Common garden hibiscus

P235 香铃草
　　学名：*Hibiscus trionum* L.
　　英文名：Flower-of-an-hour

P236 绣球
　　学名：*Hydrangea macrophylla* (Thunb) Ser.
　　英文名：Bigleaf hydrangea

P237 圆叶牵牛
　　学名：*Ipomoea purpurea* (L.) Roth
　　英文名：Purple morning glory

P238 素馨花
　　学名：*Jasminum grandiflorum* L.
　　英文名：Chinese jasmine

P239 夹竹桃
　　学名：*Nerium oleander* L.
　　英文名：Oleander

P240 宽叶山黧豆
　　学名：*Lathyrus latifolius* L.
　　英文名：Everlasing pea

P241 紫红花葵
　　学名：*Malva phoenicea* (Vent.) Alef.

P242 欧丁香
　　学名：*Syringa vulgaris* L.
　　英文名：Lilac

P243 三色旋花
　　学名：*Convolvulus tricolor* L.
　　英文名：Dwarf convolvulus

P244 剪春罗
　　学名：*Silene banksia* (Meerb.) Mabb.

P245 二乔玉兰
　　学名：*Magnolia × soulangeana* Soul.-Bod.
　　英文名：Saucer magnolia

P246 紫红锦葵
　　学名：*Phymosia umbellata* (Cav.) Kearney

P247 猴面花
　　学名：*Erythranthe guttata* (DC.) G. L. Nesom
　　英文名：Common large monkey flower

P248 金鱼草
　　学名：*Antirrhinum majus* L.
　　英文名：Antirrhinum

P249 沼泽勿忘草
　　学名：*Myosotis scorpioides* L.
　　英文名：Water forget-me-not

P250 欧榛
　　学名：*Corylus avellana* L.
　　英文名：Hazelnut

P251 延药睡莲
　　学名：*Nymphaea nouchali* Burm. f. var. *caerulea* (Savigny) Verd.
　　英文名：Egyptian blue lily

P252 香石竹
　　学名：*Dianthus caryophyllus* L.
　　英文名：Clove pink

P253 香石竹
　　学名：*Dianthus caryophyllus* L.
　　英文名：Clove pink

P254 柑橘
　　学名：*Citrus* spec.
　　英文名：Citrus

P255 耳叶报春花
　　学名：*Primula × pubescens* Jacq.
　　英文名：Primrose hybrid

P256 耳叶报春花
　　学名：*Primula × pubescens* Jacq.
　　英文名：Primrose hybrid

P257 威尔士罂粟
　　学名：*Papaver cambricum* L.
　　英文名：Welsh poppy

P258 翅茎西番莲
　　学名：*Passiflora alata* Curtis
　　英文名：Winged-stem passion flower

P259 罂粟
　　学名：*Papaver somniferum* L.
　　英文名：Opium poppy

P260 桃
　　学名：*Prunus persica* (L.) Batsch
　　英文名：Peach

P261 油桃
　　学名：*Prunus persica* (L.) Batsch
　　英文名：Nectarine

P262 三色堇；混色角堇
　　学名：*Viola tricolor* L.; *Viola × wittrockiana* Gams ex Nauenb.
　　　　　& Buttler
　　英文名：Wild pansy; Pansy hybrid

P263 混色角堇
　　学名：*Viola×wittrockiana* Gams ex Nauenb. & Buttler Pansy
　　英文名：Pansy hybrid

P264 长春花
　　学名：*Catharanthus roseus* (L.) G. Don
　　英文名：Madagascar periwinkle

P265 匍枝福禄考
　　学名：*Phlox stolonifera* Sims
　　英文名：Creeping phlox

P266 牡丹
　　学名：*Paeonia suffruticosa* Andrews
　　英文名：Moutan peony

P267 荷兰芍药
　　学名：*Paeonia officinalis* 'Alba plena'
　　英文名：European peony

P268 细叶芍药
　　学名：*Paeonia tenuifolia* L.

P269 荷兰芍药
　　学名：*Paeonia officinalis* L.
　　英文名：European peony

P270 蓝花赝靛
　　学名：*Baptisia australis* (L.) R. Br.
　　英文名：Blue wild indigo

P271 西洋梨
　　学名：*Pyrus communis* L.
　　英文名：European pear

P272 香豌豆
　　学名：*Lathyrus odoratus* L.
　　英文名：Sweet pea

P273 苹果
　　学名：*Malus domestica* (Suckow) Borkh.
　　英文名：Asian wild apple

P274 藏报春
　　学名：*Primula praenitens* Ker Gawl.
　　英文名：Chinese primrose

P275 欧洲报春花
　　学名：*Primula vulgaris* Huds.
　　英文名：Common primrose

P276 欧洲李
　　学名：*Prunus domestica* L.
　　英文名：Plum

P277 异叶蝇棉
　　学名：*Cienfuegosia heterophylla* (Vent.) Garcke
　　英文名：Variable leaf flymallow

P278 欧洲李
　　学名：*Prunus domestica* L.
　　英文名：Plum

P279 紫花风铃豆
　　学名：*Cadia purpurea* (G. Piccioli) Aiton

P280 扭果花
　　学名：*Streptocarpus rexii* (Bowie ex Hook.) Lindl.

P281 孔雀草
　　学名：*Tagetes patula* L.
　　英文名：French marigold

P282 旱金莲
　　学名：*Tropaeolum majus* L.
　　英文名：Garden nasturtium

P283 北美鹅掌楸
　　学名：*Liriodendron tulipifera* L.
　　英文名：American tulip tree

责任编辑：邓秀丽
封面设计：王　晟
版式设计：唐　泓
责任校对：杨轩飞
责任印制：张荣胜

图书在版编目（CIP）数据

雷杜德玫瑰花集 /（法）皮埃尔-约瑟夫·雷杜德绘
. -- 杭州：中国美术学院出版社，2022.5
　ISBN 978-7-5503-2612-5

　Ⅰ. ①雷… Ⅱ. ①皮… Ⅲ. ①玫瑰花－图谱 Ⅳ.
①S685.12-64

中国版本图书馆CIP数据核字(2021)第 164710 号

雷杜德玫瑰花集

[法]皮埃尔-约瑟夫·雷杜德　绘

出 品 人：祝平凡
出版发行：中国美术学院出版社
地　　址：中国·杭州南山路218号/邮政编码：310002
网　　址：http://www.caapress.com
经　　销：全国新华书店
制　　版：杭州海洋电脑制版印刷有限公司
印　　刷：浙江省邮电印刷股份有限公司
版　　次：2022年5月第1版
印　　次：2022年5月第1次印刷
印　　张：19.75
开　　本：710mm×1000mm　1/16
字　　数：450千
书　　号：ISBN 978-7-5503-2612-5
定　　价：98.00元